MATÉRIAUX

POUR SERVIR A

LA PALÉOETHNOLOGIE

DES CÉVENNES

Par GABRIEL CARRIERE

Ancien Collaborateur à la Carte géologique de l'Algérie.

Président et Lauréat de la Société d'Étude des sciences naturelles de Nîmes.

Correspondant du Ministère de l'Instruction publique.

(Supplément au *Bulletin de la Société d'étude des Sciences naturelles de Nîmes. 1893.*)

NÎMES

IMPRIMERIE ROGER ET LAPORTE

7, Ruelle des Saintes-Maries, 7.

—

1893

Paru le 1er octobre 1893

MATÉRIAUX

POUR SERVIR A

LA PALÉOETHNOLOGIE

DES CÉVENNES

Par GABRIEL CARRIÈRE

Ancien Collaborateur à la Carte géologique de l'Algérie.
Président et Lauréat de la *Société d'Étude des sciences naturelles de Nimes*.
Correspondant du Ministère de l'Instruction publique.

(Supplément au *Bulletin de la Société d'étude des Sciences naturelles de Nimes. 1893.*)

NIMES

IMPRIMERIE ROGER ET LAPORTE

7, Ruelle des Saintes-Maries, 7.

—

· 1893

Paru le 1er octobre 1893

AVANT - PROPOS

J'ai pensé qu'il y aurait quelque intérêt à réunir des documents sur l'ethnologie des populations primitives des Cévennes.

Les fouilles des archéologues, qui se sont occupés de la préhistoire, ont mis au jour de nombreux spécimens concernant l'industrie primitive des hommes qui ont séjourné dans notre département aux époques de la pierre taillée, de la pierre polie et pendant l'âge du bronze. Les grottes, les sépultures ont fourni une riche moisson d'objets qui ont permis des déductions instructives quant aux mœurs des premiers occupants de notre sol et les nombreux ouvrages publiés sur ce sujet disent assez les connaissances acquises durant ces dernières années.

L'examen des caractères ostéologiques de ces populations est un complément indispensable qui permettra peut-être un jour de mieux saisir les liens d'origine des groupes humains. La synthèse ne sera possible que par la comparaison des études anthropologiques entreprises pour chaque région avec un nombre suffisant de documents. Ceux-ci sont d'ailleurs souvent dispersés dans les collections particulières ou dans les musées et leur examen ne devient possible que par la complaisance de ceux qui détiennent les pièces osseuses recueillies.

Je suis heureux de remercier ici les personnes qui ont bien voulu me confier les crânes dont l'étude va suivre :

La Société littéraire et scientifique d'Alais m'a généreusement prêté les crânes de Rousson désignés dans les tableaux de mensuration par les lettres **A. B. C. D. K.**, et M. Lortet, directeur du Muséum de Lyon, les crânes H. I. J. de même provenance dont M. Guimet a fait don au Muséum de cette ville.

Le crâne trépané E appartient au Frère Sallustien, supérieur des Frères de la doctrine chrétienne à Uzès, et les crânes F, G à Madame Chambon d'Alais.

Les crânes 2, 3 de la grotte des Morts de Durfort, ont été donnés au musée de Nimes par M. A. Jeanjean, dont les travaux sur la géologie et sur l'archéologie du Gard, sont justement appréciés.

M. Teissier fils, propriétaire à Boucoiran, a également fait don au même musée des crânes que son père avait recueillis dans la grotte des Morts (4-5-6.)

Le crâne provenant de la grotte Sartanette appartient à M. Rousset, antiquaire à Uzès.

Les lieux de provenance de ces ossements ont été bien décrits ainsi que les objets qui les accompagnaient. Je me contenterai donc de signaler les publications * où le lecteur pourra retrouver des indications plus détaillées sur ces gisements, ne voulant m'occuper que de noter les observations

---

* *L'ossuaire de la Carrière de Rousson (Gard),* par G. Charvet in *Bulletin Soc. scient. et litt. d'Alais,* année 1883. Comme la grotte des morts de Durfort cet ossuaire a fourni des objets en pierre associés à quelques menus objets en cuivre.
La grotte des morts de Durfort, in Bulletin *de la Société scientifique d'Alais* t. 1 p. 195 — 1870. — *Matériaux pour l'histoire de l'homme.* p. 249, 261, 1869.

crâniologiques résultant de l'examen des pièces osseuses qui en proviennent.

Les crânes I, II, III ont été recueillis par M. Fabre, inspecteur des forêts, dans une grotte sépulcrale située près de l'abime de Bramabiau fréquemment visité par les touristes depuis l'exploration qu'en a faite M. Martel.

L'accès de la sépulture fut mis au jour par des ouvriers employés à des travaux de terrassement.

Une belle pointe en silex, taillée et soigneusement polie, de 0ᵐ19 de longueur, une gaîne en bois de cervidé destinée à l'emmanchure d'une hache et semblable au type souvent reproduit que les stations lacustres de la Suisse et de la Savoie ont fourni en abondance, une défense de sanglier ont été trouvées dans la grotte sépulcrale à côté des crânes humains que M. Fabre à recueillis.

J'ai suivi pour les mensurations qui vont suivre les instructions crâniologiques et crâniométriques de la *Société d'anthropologie de Paris*, rédigées par Broca.

Toutefois les diamètres de l'orbite ont été mesurés des bords internes et j'ai abandonné le point dacryon, celui-ci étant situé presque toujours trop profondément. J'adopte en cela les conclusions de la commission de la XIᵉ session des congrès internationaux d'archéologie préhistorique et d'anthropologie. On trouvera donc pour certains crânes une légère différence en plus dans la notation de la largeur orbitaire, différence qui ne dépasse jamais un millimètre mais qu'il est bon de signaler pour que l'on puisse apprécier les variations possibles de l'indice orbitaire.

Les figures qui accompagnent ce travail ont été établies suivant le plan alvéolo-condylien.

TABLEAUX DE MENSURATIONS

PROVENANCES.
- I — II — III...................... Grotte sépulcrale de Bramabiau.
- 2 — 3 — 4 — 5 — 6............ »   »   » Durfort (grotte des morts).
- A — B — C — D — E — F — G — H — I — J »   »   » Rousson, près Salindres.
- S..................................   »   de la Sartanette, près Remoulins.

DIAMÈTRES	I	II	III	2	3	4	5	6	A	B	C	D	E	F	G	H	I	J	S
SEXE	F	H	H	H	F. jeune	H	H	F	H	F	F	F	H	H	F	F	H	H	?
Antéro postérieur maximun	176	180	182	178	172	183	178	183	193	186	173	187	182	198	186	183.5	185	193	191
Transverse »	135.5	139	130	131	132	137	135	137 (?)	141	137	134	138	131.5	143	140	136	132	145	135 (?)
Frontal minimun	88	94	96	87.5	89	93	91	94	96	94	88	92	86	99	89	94	89	99	101.5
Vertical (basilo-bregmatique)	131	135		125	129		133		135		133			135		134	127		
Astérique (occipital maximun)	118	106	103.5	102	104	112	108	112	113		113			114	112	106	106	118	
Biauriculaire	111	122	114	118	109	124	121		129		112			126	116	112	116	129.5	

	I	II	III	2	3	4	5	6
Médiane frontale totale...	130	135	120	125	128	130	132	134
» sous-cérébrale. .	20	23	18	24	20	27	27	22
» pariétale........	120	130	125	125	123	130	111	120
» occipitale totale.	113	121	113	116	108		127	120
» sus-occipitale...	77	80	65	71	82	70	70	77
Horizontale totale........	495	513	510	500	492	517	510	
Transversale sus-auriculaire....	301	300	285	290	305	295	300	

	A	B	C	D	E	F	G	H	I	J	S
Médiane frontale totale...	130	128	130	135	134	135	132	134	120	137	118
» sous-cérébrale. .	24	18	15	18	22	30	22	18	21	23	
» pariétale........	137	132	125	135	134	126	138	143	127	135	128
» occipitale totale.	123		117			139		115	133	139	
» sus-occipitale...	69	75	68	80	83	87	72	77	98	90	71
Horizontale totale........	538		495			544	520	515	515	550	
Transversale sus-auriculaire....	300		296			309	308	312	295	335	

F A C E	I	II	III	2	3	4	5	6	A	B	C	D	E	F	G	H	I	J	
Longueur ophryo-alvéolaire	84.5	90	95	96	76.5				93		78		84				84		
Longueur ophryo-mentonnière				134	118				144										
Largeur bizygomatique	116	131		124.5	110				139.5		123								
» bi-orbitaire externe	93	106	104.5	98	93	101		102	107		94.5	99	99.5	106		98 (?)	102		
» » interne	86	97	97	95	84	94		96	97.5		91	87.5	91.5			90	95		95
Longueur nasale	50	50	52	60	45				56		50.5		50				47		
Largeur nasale	23	28.5	21	25	21				25.3		24		23.5				22.5		
Hauteur orbitaire	29.5	31	33	34	29			35	34		30		28.5				29		
Largéur »	37.5	41	30.5	39	37			44	41		40		40				39		

MANDIBULE

	I	II	III	2	3	4	5	6
Longueur	32.5	35		38	34		32	
Largeur	26	29		29.5	24.5		29	
	Mandibules de Bramabiau indépendantes des crânes, I—II—III				Mandibules de Durfort indépendantes des crânes, 4—5—6	F	H	H
Distance bicondylienne	119	112	117		104	112		
» bigoniaque	98	87	97	97.5	80	38		
Hauteur symphysienne	37	30	37.5	26	26	31	37	36
Courbe bigoniaque	165	155	172	167	155	155		

INDICES

	I	II	III	2	3	4	5	6
Céphalique	77	76.7	71.4	73.59	76 74	74.86	75.84	74.86
Vertical	73.86	75		70.22	75		74.71	
Nasal	46	47	40.38	41.66	46.66			
Orbitaire	78.13	75.61	83.54	87.45	78.4			79.54
Du trou occipital	80	82.85		77.63	72.06		90.64	

	A	B	C	D	E	F	G	H	I	J	S
Longueur	36		32			31		34	34		
Largeur	30		30.5			34		26.5	31		
Distance bicondylienne											123
» bigoniaque	97										99
Hauteur symphysienne	31										31.5
Courbe bigoniaque	187										186
Céphalique	73.06	73.65	77.45	73.79	72.25	72.22	75.27	71.9	71.3	73.2	70.68(?)
Vertical	69.94		76.89			68.18		73	68.6		
Nasal	45.18		49.02		47				47.8		
Orbitaire	83		75		71.25				74.4		
Du trou occipital	83.33		95.31					77.9	91.1		

SÉRIATIONS · DES · INDICES

INDICE CÉPHALIQUE

INDICE	BRAMABIAU	ROUSSON	DURFORT
71	1	1	
72		3	
73		2	
74		2	1
75		1	2
76			1
77	2	1	1
Totaux.. 17			

INDICE VERTICAL

INDICE	BRAMABIAU	ROUSSON	DURFORT
68		1	
69		1	
70		1	1
71			
72			
73		1	
74	1		
75	1		2
76			
77		1	
10			

INDICE NASAL

INDICE	BRAMABIAU	ROUSSON	DURFORT
40	1		
41			
42			1
43			
44			
45		1	
46	1		
47	1	1	1
48		1	
49		1	
9			

INDICE ORBITAIRE

INDICE	BRAMABIAU	ROUSSON	DURFORT
71		1	
74		1	
75		1	
76	1		
78	1		1
80		1	1
83	1		
84	1		
87			1
10			

MOYENNES DES CRANES DE DURFORT ET DE ROUSSON COMPARÉES AUX MOYENNES DES CRANES DE LA RACE DE CRO-MAGNON ET AUX MOYENNES DES CRANES DE LA GROTTE DE L'HOMME-MORT (LOZÈRE).

		DURFORT (Gard) 3 Hommes	1 Femme	Moyenne	ROUSSON (Gard) 5 Hommes	4 Femmes	Moyenne	GROTTE de l'HOMME MORT (Lozère) 7 Hommes	6 Femmes	Moyenne	RACE DE CRO-MAGNON Hommes	Femmes	Moyenne
DIAMÈTRES	Antro-postérieur maximum	180	183	182.5	191.2	185.6	188.4	190.1	181.7	185.5	192	183	187.5
	Transverse »	134	137	135.5	138.5	137.7	138.1	135.9	136.5	135.8	141	138	139.5
	Frontal minimum	90.5	94	92.2	95.7	92.2	93.9	93.3	90.5	92	96	97	96.5
	Vertical (basilo-bregmatique)	129			132.3	134	133.1	131	132.7	132	132	131	131.5
	Astérique	107	112	109.5	112.7	109	110.8		110.6	107.3	108	107	107.5
	Biauriculaire	121			125.1	114	119.5	117.4	110.2	113.5	121	113	117
COURBES	Médiane frontale totale	129	134	131.5	131.2	132.2	131.7	130.4	130.2	130	133	130	131.5
	» » sous cérébrale	26	22	24	24	19	21.5	18.6	17.8	17.6	22	20	21
	» pariétale	122	120	121	131.8	137	134.4	136.3	130.2	133.3	130	125	127.5
	» occipitale totale	121.5			133.5	115	124.3	118.2	118.2	119	125	117	121
	» sus-occipitale	70	77	73.5	85.4	76	80.7	74.8	70.5	72.1	71	70	70.5
	» horizontale totale	509			537	517.5	527.2	525.7	512.7	517.7	538	517	527.5
	Transversale sus-auriculaire	295			309.7	310	309.8	306.9	302.5	303.7	309	303	306
FACE	Longueur ophryo alvéolaire	96			87		87	90	80.8	84.4	89	84	86.5
	» » mentonnière	134			144		144						
	Largeur bizygomatique	124.5			139.5		139.5	129.8	121	124.7	135	129	132
	» bi orbitaire externe	99.5	102	100.7	103.6	98.5	101	103.7	99.2	100.5	109	106	107.5
	» » » interne	94.5	96	95.2	95.6	87.7	92	94.2	89.6	91.1	99	96	97.5
(NEZ)	Longueur nasale	60			51		51	51	48.9	49.2	52	49	50.5
	Largeur »	25			23.7		23.7	23.3	22.1	22.4	25	25	25
(Orbites)	Hauteur orbitaire	34	35	34.5	30.5		30.5	31.2	30.4	31.1	29	32.5	30.7
	Largeur »	42	44	43	40	40	40	39	37.2	37.9	40	40	40
TROU occipital	Longueur	35			33.7	34	33.8				34	35	34.5
	Largeur	29			31.7	26.5	29.1				20	30	25
INDICES	Céphalique	74.7	74.8	74.75	72.4	73.6	73	71.4	75.1	73.2	73.6	75.6	74.6
	Vertical	72.5			68.9	73.6	71.2	68.9	73	71.4	69.8	72.9	71.3
	Nasal	41.7			46.6		46.6	45.7	45.2	45.4	49.2	51	50.1
	Orbitaire	87.15	79.5	83.6	76.2		76.2	80	81.7	81.9	72	81.2	76.6
	Du trou occipital	84.1			87.2	77.9	88.2	84.2	81.4	82.1	85.8	85.6	85.7

Bien que les documents présentés ici soient insuffisants pour établir des moyennes stables, j'ai cru bon de mettre en regard les moyennes des mensurations prises par Broca sur les crânes de la grotte de l'Homme mort [1] et celles des crânes de la race de Cro-Magnon [2]. Ce sont en effet les types qui se rapprochent le plus de la majeure partie de ceux qui ont été recueillis dans les grottes du Gard.

Je n'ai pas compris dans les moyennes de Durfort le sujet n° 3 concernant un sujet jeune (de 14 à 16 ans). J'ai également distrait de la moyenne des femmes de Rousson le crâne C, celui-ci se détachant nettement par ses caractères des autres individus de la série.

Les chiffres des tableaux qui précédent font d'ailleurs ressortir les écarts ou les rapprochements entre chacun des sujets étudiés et les planches intercalées serviront de termes de comparaison avec les crânes que les recherches des archéologues ou des circonstance fortuites pourront mettre au jour.

Comme la physiognomonie joue un rôle aussi important que les chiffres pour l'appréciation des caractères de race, je dirai les rapprochements et les différences qui résultent de l'aspect des sujets étudiés.

CARACTÈRES DESCRIPTIFS

Crâne masculin A de Rousson (*fig. 1. 2. 3.*)

Ce crâne bien complet et d'une remarquable conservation appartient à un sujet ayant atteint toute sa croissance.

---

[1] *Mensuration des crânes de la Caverne de l'Homme mort*, in-Revue d'anthropologie 1873 p. I.

[1] *Crania Ethnica*, par MM. de Quatrefages et Hamy.

La suture lambdoïde est fermée (mais non effacée) presque en entier ainsi que les deux tiers postérieurs de la sagittale. La suture coronale reste encore bien visible, sauf sur les parties temporales.

La *norma verticalis* reproduit la forme dolichopentagonale de la race de Cro-Magnon.

La face très orthognate, comme l'arcade alvéolaire et la mandibule est dominée par des sinus frontaux accusés, la saillie glabellaire répondant au n° 3 du tableau de Broca[1] (de même que l'inion) et s'unissant à des arcs sourciliers aux contours anguleux bien détachés.

Les crêtes temporales du frontal, en saillies à bords aigus au-dessous des apophyses orbitaires externes sont bien apparentes jusqu'à leur rencontre avec la suture coronale.

Les orbites sont rectangulaires et transversalement dirigées. La portion orbito-buccale du maxillaire fortement rejettée en arrière laisse en crête saillante le bord antérieur de la portion orbitaire du malaire.

La courbe de l'arcade alvéolaire se détache bien verticale au-dessous de la racine du nez.

La dentition est remarquable par sa conservation comme par son ordonnation. Les incisives à racines sensiblement incurvées sont implantées dans des alvéoles profonds. Les cloisons très minces de ces alvéoles laissent voir sur la face externe la saillie de la racine des incisives qui se prolonge jusqu'au niveau de l'épine nasale. La racine des canines remonte encore plus haut, jusqu'au niveau de la portion la plus large de l'ouverture nasale.

Longueur de la région palatine	49
Largeur » » »	42

---

[1] **Voir planche VI des instructions crâniométriques de Broca.**

Crânes féminins B. D. G. H. de Rousson

Ils se rapprochent par tous les caractères de la calotte crânienne, les seuls que le mauvais état de ces crânes permette d'apprécier, des sujets de Cro-Magnon et de Laugerie-Basse que MM. de Quatrefages et Hamy ont décrit dans l'excellent ouvrage *(Crania ethnica)* qui est le meilleur guide pour les études d'ethnologie comparée.

La *norma verticalis* des femmes de Rousson, reproduit la forme subpentagonale que ces auteurs ont figurée.

Le front est limité dans sa partie inférieure par une saillie glabellaire modérée (n° 2 [1] du tableau de Broca) et par des arcs sourciliers bien détachés que dominent des bosses frontales très apparentes.

Les bosses pariétales et cerébelleuses sont bien développées, l'inion très effacé (n° 1 de Broca.)

La suture lambdoïde toujours plus compliquée que les autres est oblitérée la dernière.

La loi synostotique de Gratiolet [2] (établissant la tendance à l'oblitération des sutures en avant) se trouve vérifiée pour ces crânes comme pour la plupart de ceux dont la description suit.

Crâne masculin K de Rousson

Après l'établissement des tableaux de mensuration qui précédent, j'ai examiné un autre crâne provenant de la grot-

---

(1) Voir les figures du dernier tableau *Instructions crâniologiques et crâniomètriques* de Broca.

(2) *Gratiolet :* Mémoire sur le développement de la forme du crâne de l'homme et sur quelques variations qu'on observe dans la marche de l'oblitération de ses sutures, *in-Comptes-rendus* Acad. sci. XLIII, p. 458, 1856.

te sépulcrale de Rousson. N'étant pas sûr au début de son origine, je n'avais pas voulu l'admettre parmi les documents destinés a être présentés ici et cela malgré son air de famille bien saisissant. La provenance du crâne K n'est plus douteuse maintenant.

Plus que les autres il se rapproche du type de la race de Cro-Magnon par l'aspect massif de sa face aplatie et très orthognate, la portion orbito-buccale se trouvant rejetée en avant sur le même plan vertical que le restant de la face, ce qui amène l'effacement de la dépression orbito-buccale.

Tous les autres caractères crâniens constatés par P. Broca sur les sujets des Eyzies[1] et décrits par lui avec la savante précision de son coup d'œil de maître, sont reproduits par le crâne K, notamment la forme rectangulaire allongée et transversalement dirigée des cavités orbitaires. L'écaille occipitale est encore plus saillante que chez les autres sujets de Rousson.

Le crâne K est métopique; toutes ses sutures sont ouvertes sauf la moitié postérieure de la sagittale. La suture médiofrontale ou métopique est visible à l'intérieur comme à l'extérieur bien que le sujet K ait atteint toute sa croissance.

---

[1] P. Broca, Mémoire sur les crânes des Eyzies, in *Bulletin de la Société d'anthropologie*, 2e série, t. III, mai et juin 1858.

MENSURATIONS DU CRANE MASCULIN K,

DIAMÈTRES	Antéro postérieur maximum	194
	Transverse maximum	139
	Frontal minimum	102
	Vertical (basilo-bregmatique)	126
	Astérique	110
	Biauriculaire	116
COURBES	Médiane frontale totale	127
	» sous-cérébrale	23
	» pariétale	140
	» occipitale	122
	» sus-occipitale	75
	Horizontale totale	540
	Transversale sus-auriculaire	305

Glabelle n° 3. — Inion n° 1.

6 os wormiens de 2me et de 3me grandeur sur le trajet de la suture lambdoïde.

DE LA GROTTE SÉPULCRALE DE ROUSSON,

FACE	de l'ophryon à l'épine nasale	76
	Largeur bizygomatique	134 (?)
	» bi-orbitaire-externe	106.5
	» » interne	99.5
	Longueur nasale	53.5
	Largeur »	22.5
	Hauteur orbitaire	29
	Largeur »	39
TROU OCCIPITAL	Longueur	33
	Largeur	27
INDICES	Céphalique	71.6
	Vertical	65
	Nasal	42
	Orbitaire	74.4
	du trou occipital	81.8

Taille des individus de Rousson

Dans son intéressante étude : « Recherche sur les osse- ments humains anciens et préhistoriques en vue de la reconstitution de la taille, » publiée par la *Société d'anthro- pologie de Paris*, le docteur J. Rahon évalue la taille des individus ensevelis dans la grotte de Rousson. Celle des hommes serait (d'après les tables [1] établies par notre ami Manouvrier, professeur à l'école d'anthropologie) de 1ᵐ63 et celle des femmes atteindrait 1ᵐ49.

Malheureusement les os longs provenant de Rousson dont le docteur J. Rahon a pu disposer sont en trop petit nombre ; ce sont toutefois des indications précieuses auxquelles des séries plus étendues pourront être comparées.

Crâne nᵒ 2 de Durfort. *(Fig. 4-5-6).*

La norma verticalis de ce sujet s'écarte sensiblement de la forme dolichopentagonale si accusée dans la série de Rous- son, ce qui résulte du peu de saillie de l'écaille occipitale de ce crâne et de la faible accentuation des bosses pariétales.

Les sutures coronale, sagittale et lambdoïde sont encore ouvertes. La lambdoïde est remarquable par ses complica- tions qui contrastent avec la simplicité des autres sutures.

Le front incliné en arrière et par une courbe adoucie sur le plan orthognate de la face est limité en bas par des arcs sourciliers et une glabelle à relief très arrondi.

Les cavités orbitaires sont encadrées par des bords cou- pants, bien arqués, unis par des courbes dont la régularité est remarquable surtout sur la portionorbito-malaire.

---

[1] La Détermination de la taille d'après les grands os des membres *(Mémoires de la Société d'Anthropologie de Paris*, 2ᵉ série, t. IV)

Les trous sus-orbitaires sont représentés par une échancrure, détail déjà signalé par M. de Lapouge au sujet des crânes préhistoriques de Larzac.

Le nez est remarquablement long, mince et saillant. (Ce sujet est le plus leptorrhinien de toute la série).

Au-dessous de l'épine nasale le maxiliaire se détache brusquement en saillie oblique accentuant le prognatisme sous nasal.

La mandibule, d'une faible hauteur symphysienne représente bien dans son profil le type caractérisé sous le nom de menton en galoche et montre le même prognatisme alvéolaire et dentaire que la région maxillaire supérieure.

Les dents sont bien ordonnées, les incisives et les canines très fines.

L'inion est très peu apparent. Les bosses cérébelleuses bien développées servent de point d'appui postérieur au crâne.

On remarquera la longueur de la distance ophryo-alvéolaire comparativement à la largeur bizygomatique, et en général le développement de toutes les mesures verticales par rapport aux mesures de largeur.

Tous ces caractères indiquent des différences morphologiques profondes entre les dolichocéphales de Rousson et le dolichocéphale n° 2 de Durfort qui vient d'être décrit.

Celui-ci d'ailleurs n'a rien de la rudesse robuste du premier, ses formes très fines n'étant pas dues seulement à une différence d'âge.

Crane III de Bramabiau. — Il faut rapprocher du crâne n° 2 de Durfort le sujet n° III de Bramabiau dont le profil est semblable, sauf quelques différences individuelles. L'écaille occipitale est plus bombée et le maxillaire plus prognate chez ce dernier. Les sinus frontaux sont plus accusés.

La glabelle et l'inion correspondent au n° 3 du tableau de Broca.

L'os nasal se détache du frontal en formant avec le plan

du visage un angle ouvert donnant au nez une forme très busquée. Ce caractère est commun à plusieurs sujets notamment aux crânes A et 2 mais il est surtout exagéré chez ceux de Bramabiau et notamment sur des portions de crâne de cette provenance trop incomplets pour être compris dans les tables de mensuration. [1] La suture nasale présente chez plusieurs individus une incurvation sensible qui ajoute encore à l'aspect proéminent exagéré de l'appendice nasal.

Le nez aquilin si accusé chez les Juifs, les Assyriens, les Arabes et les Bourbons fait aussi partie des caractères morphologiques des premiers occupants de notre sol.

Anomalie. — La hauteur de la cavité orbitaire droite du sujet III est de 35 millimètres ; celle de l'autre cavité n'est que de 31 millimètres.

Crânes 4, 5, 6 de la grotte des morts de Durfort

Les crânes 4, 5, 6 de Durfort se rapprochent du type principal de Rousson par leur norma verticalis subpentagonale. Mais ils sont trop incomplets pour qu'on puisse tenter une description. La calotte crânienne est seule conservée et ses mensurations comparées à celles des crânes de Rousson font ressortir les différences proportionnelles.

Crânes féminins : 1, 3, C. de Bramabiau, Durfort, Rousson, — (*fig. 7, 8, 9 représentant le crâne C sous trois aspects.*)

La lecture des tableaux de mensurations permet de reconnaître aisément que ces crânes sont d'un type bien différent des autres sujets féminins de Durfort et de Rousson.

---

[1] Une portion de face m'a permis de relever les mesures suivantes :

Hauteur nasale	55
Largeur «	22,5
Indice nasal	43
Longueur ophryo-alvéolaire	95

Leur aspect indique aussi des différences morphologiques profondes. Ils sont sensiblement moins volumineux que les autres [1] et concernent des femmes parvenues à leur croissance complète (sauf le crâne n° 3 qui appartient à un sujet jeune.)

Chez les sujets 1 et C la suture coronale est bien visible à l'extérieur, malgré des signes d'oblitération avancée, les parties latérales seules étant complètement soudées,

La suture sagittale très apparente extérieurement répond au n° 5 de Broca quant à la complication des dentelures.

Le travail d'oblitération de la suture lambdoïde est moins avancé, celle-ci restant bien visible en dedans.

Voici dans leur ensemble les caractères morphologiques de ces crânes :

Front haut, étroit, presque droit, les sinus frontaux étant à peine accusés par une très légère saillie, arcs sourcilliers à peine marqués. — Arcades zygomatiques peu saillantes, os nasaux peu proéminents. —

Prognatisme alvéolaire et dentaire très accentué, (même chez le sujet jeune 3,) le restant de la face très orthognate.

Type sous-dolichocéphale.

Indice céphalique — 77 : — 76, 7. — 77, 4.

Il faut noter aussi l'existence d'une légère dépression post coronale dirigée parallèlement à cette suture, dépression que j'ai remarquée d'ailleurs fréquemment sur des crânes anciens.

CRANE MASCULIN II DE BRAMABIAU. — Il me paraît correspondre comme type au crâne I de même provenance, sauf les différences de sexe.

Glabelle n° 1, inion n° 1 suture coronale et sagittale oblitérées, lambdoïde ouverte.

---

[1] Le crâne C est en outre remarquable par sa grande légèreté, conséquence de son faible volume et de son peu d'épaisseur.

Arcs sourciliers très effacés, front presque droit.

Prognatisme accusé, arcade dentaire hypsiloïde.

Bosses cérébelleuses proéminentes. Le crâne posé sur une table repose d'une part sur la couronne dentaire et d'autre part sur le milieu du bord postérieur du trou occipital (opisthion). — Crâne épais (un centimètre au milieu de la suture sagittale.)

L'avenir nous dira si les types que je viens de décrire se retrouvent parmi les crânes qui pourront être découverts et les rapprochements qui peuvent exister entre des sujets recueillis en divers lieux.

Crâne trépané E *(fig. 10)*

Le crâne E. présente un exemple remarquable de trépanation pendant la vie.

On voit sur la portion latérale droite du frontal à 0^m02 au-dessus de l'apophyse orbitaire externe une dépression ovalaire de la partie supérieure de la fosse temporale. Elle mesure $\frac{0^m067}{0^m040}$ et atteint une partie du pariétal en arrière de la suture coronale. La région moyenne est occupée par un orifice ovalaire (concentrique à la dépression) de $\frac{0^m036}{0^m024}$ a bords réguliers amincis. Cet orifice ne s'étend que sur la portion latérale droite du frontal. La portion de la suture coronale intéressée par la trépanation est fermée après un travail de réparation bien apparent qui a suivi le raclage de l'os. [1]

Glabelle n° 3. — Inion n° 1 du tableau de Broca.

On sait que le docteur Prunières de Marvéjols signala les premiers cas de ce genre d'opération chirurgicale usitée déjà aux temps préhistoriques.

---

[1] Ce crâne sera l'objet d'une étude spéciale de M. le docteur J. Reboul, notre collague, qui a étudié avec soin les divers modes de trépanations préhistoriques ctuelles.

Le diamètre frontal minimum de ce crâne a été exclu de la moyenne.

D'autres exemples ont été observés depuis par d'autres archéologues sur des crânes de diverses époques.

Il est intéressant de constater la même pratique chez les habitants primitifs de la Lozère dont le regretté observateur a étudié les restes et chez les hommes de Rousson.

Le type même des crânes de ces provenances est d'ailleurs une preuve de la parenté ethnique des populations qui ensevelissaient leurs morts dans les grottes de Meyrueis (Lozère) de Rousson et de Durfort dans le Gard.

Dans ces régions vivaient durant l'âge de la pierre polie des peuplades que leurs caractères anthropologiques permettent de considérer comme les survivants de la race que MM. de Quatrefages et Hamy ont décrite sous le nom de race de Cro-Magnon. Comme leurs ancêtres, les troglodytes de la Dordogne de l'âge du renne, elles inhumaient leurs morts dans des cavernes. Ce mode de sépulture se propagea durant toute la durée de l'époque néolithique et jusqu'après les premières importations du métal dans nos pays comme en témoignent les objets en cuivre recueillis avec les crânes de Rousson, Durfort et Bramabiau.

Mais il est à croire que les dolichocéphales de la race de Cro-Magnon ne se sont fixés dans les basses Cévennes qu'au début de l'âge de la pierre polie, poussés sans doute par le flot d'envahisseurs asiatiques auxquels nous devons l'industrie et les coutumes caractéristiques de ces temps. Une seule grotte dans le Gard celle de la Salpêtrière,[1] près du pont du Gard a fourni des objets de l'âge du renne. Il faut arriver jusqu'à l'époque néolithique pour trouver des traces d'une population nombreuse dans les Cévennes.

À côté des débris de la race de Cro-Magnon, des populations, d'une origine différente, dressaient sur nos montagnes les mégalithes destinés à abriter les restes des défunts. Ceux-ci

---

(1) P. Cazalis de Fondouce. L'homme dans la vallée inférieure du Gardon, in *Mém. Acad. Gard* 1870.

avaient introduit dans la région des coutumes nouvelles, une industrie plus avancée, les animaux domestiques dont on retrouve les débris mélangés à l'outillage néolithique que recèlent les cavernes du Gard.

La présence de plusieurs types crâniens, à Durfort, Bramabiau et Rousson, montre que des hommes d'une origine différente vivaient communément avec les descendants de la race de Cro-Magnon qui représentent cependant le fond principal, parmi les sujets que j'ai pu étudier.

Tout en conservant dans une certaine intégrité, l'homogénéité de la race et des coutumes de leurs ancêtres, ces derniers admirent parmi eux une part des éléments hétérogènes qui les entouraient.

Le plus important pour arriver à la synthèse ethnologique de ces premiers occupants du sol n'est pas de rechercher les variations possibles résultant du croisement de ces éléments mais surtout les caractères prédominants dans les séries que l'on pourra obtenir. Cette considération m'a déterminé à grouper en plusieurs catégories les crânes dont j'ai indiqué les différences morphologiques.

On remarquera que les brachycéphales ne sont pas représentés dans les tableaux de mensurations.

Les hommes de ce type me paraissent avoir été précédés dans les basses Cévennes par des individus sous-dolichocéphales et y être venus plus tardivement que dans la Lozère et le plateau central.

Les brachycéphales comme les mésaticéphales ne sont pas représentés dans les grottes sépulcrales du Gard ; ils sont rares dans les sépultures néolithiques des basses Cévennes, comme sous les dolmens et dans les grottes du Larzac [1], la prépondérance numérique semblant appartenir aux dolichocéphales ou aux sous-dolichocéphales.

---

[1] Crânes préhistoriques du Larzac par G. de Lapouge. *L'anthropologie*, novembre-décembre, 1891.

Et cependant le mélange de race est toujours plus accentué dans les dolmens que dans les grottes sépulcrales parce qu'ils ont été utilisés plus longtemps, à des époques différentes.

Les moyennes des indices principaux concernant les crânes recueillis sous les dolmens de la Lozère par le docteur Prunières sont les suivantes d'après les registres de Broca et suivant la note publiée par M. Topinard dans la *Revue d'anthropologie* seizième année, tome II, 1889 :

(Je mets en regard les indices de quatre crânes que j'ai recueillis sous les dolmens du Vivarais)

	DOLMENS DE LA LOZÈRE		DOLMENS DU BAS VIVARAIS			
	Hommes	Femmes	Adulte	Homme	Homme	Homme
Indice céphalique	75,7	75,7	83,13	69,42	75,13	76,22
» vertical	73,3	69,4	77,6	68,4	72	
» orbital	83,2	83,8		—		
» nasal	47,5	38,4				

C'est donc plus tardivement qu'est venu chez nous le type brachycéphale Celte dont l'immigration dans les Cévennes est établie par les données historiques.

L'étude des ossements humains recueillis dans les sépultures postérieures aux temps néolithiques pourra nous renseigner sur l'époque approximative de l'apparition des brachycéphales dans nos régions.

Moins exposés que les départements méditérannéens aux incursions des groupes d'origines différentes qui ont fréquenté les rives du Rhône, la Lozère et le plateau central ont conservé jusqu'à nous avec plus de pureté le type brachycéphale Celte si bien défini par Broca, type qui paraît dû pour la plus large part de ses caractères à la survivance ethnique des envahisseurs venus dans ces pays après l'âge de la pierre polie.

Il est aisé de constater que les habitants actuels des basses Cévennes sont en grande majorité brachycéphales mais avec moins de constance et de pureté que ceux de la partie haute des Cévennes.

Quelques dolichocéphales [1] et des sous-dolichocéphales semblent chez nous reproduire des caractères ethniques particuliers. Mais comme d'autre types dolichocéphales sont intervenus dès les temps historiques les plus anciens, il est impossible dans l'état actuel de nos connaissances d'établir si les dolichocéphales actuellement vivants, et d'ailleurs exceptionnels, sont les représentants du type le plus ancien ou de ceux qui appartiennent aux phases historiques [2].

Un classement méthodique s'impose donc. Mais il ne sera possible qu'après le groupement d'un nombre suffisant de pièces osseuses dont la provenance et l'époque auront été soigneusement controlées.

---

[1] De Lapouge. — Crânes de gentilshommes et crânes de paysans ; Notre-Dame-de-Londrés (Hérault). *L'anthropologie*, mai-juin 1892. Du même, *Crânes modernes de Montpellier*, mémoire publié dans la même revue, année 1891.

[2] Je me propose de faire connaître en temps voulu un type dolichocéphale particulier, fréquent dans certaines sépultures méridionales à inscriptions latines des premiers siècles.

CONCLUSIONS

Des descendants de la race de Cro-Magnon étaient établis dans les Cévennes à la fin de l'âge de la pierre polie, (âge du cuivre pour certains archéologues).

D'autres dolichocéphales qui présentent dès caractères plus ou moins accentués de métissage et des sous-dolichocéphales vivaient communément avec eux.

Ces populations avaient adopté les mêmes usages funéraires, l'ensevelissement dans les cavernes.

Aucun crâne brachycéphale ou mésaticéphale n'a été trouvé dans les grottes de Durfort, Rousson et Bramabiau, ni dans d'autres grottes sépulcrales du Gard à notre connaissance.

Les constructeurs des dolmens Cévenols sont en grande majorité dolichocéphales ou sous-dolichocéphales bien que plus mélangés que les hommes dont les cavernes sépulcrales nous ont conservé les débris. Il serait intéressant de comparer leurs ossements avec ceux que je viens d'étudier, si la réunion d'un nombre suffisant de crânes de provenance sûre était possible.

L'époque de l'immigration en grand nombre, des brachycéphales dans la France méridionale est encore à rechercher et ne paraît pas antérieure à l'âge du bronze.

APPENDICE

La grotte des morts à Durfort et celle de Rousson conte-
naient, comme d'autres grottes sépulcrales du Gard des
objets en cuivre associés à des objets en pierre de l'époque
néolithique.

L'époque de la première introduction du métal dans la
France méridionale a été désignée par plusieurs archéologues
sous le nom d'âge du cuivre, qui aurait précédé l'époque
Cébennienne de M. E. Chantre ou commencement de l'âge
du bronze dans les Cévennes.

M. A. Jeanjean dont la compétence est si justement recon-
nue de tous ceux qu'intéresse la préhistoire appuie son opinion (de l'antériorité du cuivre sur le bronze) sur des observations dont il a fait ressortir la valeur dans son mémoire
l'âge du cuivre dans les Cévennes.

La présence des deux substances, tantôt cuivre tantôt
bronze, associées à l'outillage en pierre me paraît indiquer
surtout deux courants d'exportation métallurgique, le bronze pouvant être considéré comme introduit par la Suisse, la
Savoie et l'Italie tandis que les premiers objets en cuivre
parvenus dans les Cévennes auraient une origine Ibérique.

Ceux-ci, ne sont que les reproductions fort grossières des formes usitées à l'époque néolithique, tandis que les objets de bronze recueillis chez nous portent dans leurs ornementations le cachet d'originalité particulière aux types que les palaffites ont si abondamment fournis. Ajoutons que ces objets en bronze sont d'autant plus fréquents qu'on se rapproche davantage de la partie la plus orientale de notre territoire.

Les découvertes heureuses faites par MM. Siret entre Carthagène et Almérie nous ont fait connaitre les développements successifs de l'industrie primitive sur ces côtes de la péninsule Ibérique où la transition de l'usage de la pierre à l'emploi et au travail des métaux a pu être étudiée dans chacune de ses phases. L'industrie s'est développée sur place dans les provinces de Murcie et d'Almérie par l'exploitation des gisements de cuivre situés dans la région. Il convient donc de citer l'opinion des frères Siret au sujet du métal le plus anciennement connu sur le territoire qu'ils ont exploré avec autant de méthode que de succès.

« [1] Si on se contentait d'examiner les procédés enfantins pour extraire le cuivre des minerais du pays et les formes rudimentaires des instruments copiées sur celle des outils en pierre et en os qui sont eux-mêmes en grande majorité, on concluerait que ces stations montrent le moment précis ou la métallurgie du cuivre a été découverte par les indigènes et on ferait dater de ce moment le commencement d'un âge du cuivre. Des savants autorisés, se basant sur quelques découvertes et regardant la succession du cuivre, métal simple, à la pierre comme plus naturelle que le passage brusque de celle-ci au bronze, alliage complexe, croient à l'existence en Europe et notamment en Espagne d'une civilisation spéciale appelée l'âge du cuivre.

---

(1) *Les premiers âges du métal dans le sud-est de l'Espagne*, par Henri et Louis Siret,

» Dans notre région, cette théorie ne s'est pas vérifiée, et nous apportons pour la combattre des faits beaucoup plus nombreux que ceux dont on s'est servi pour l'appliquer à l'Espagne.

» Dans les décombres d'une maison de l'âge de transition, nous avons recueilli un bracelet en bronze, entourant encore des morceaux de l'os du bras, qui s'y trouvaient figés dans un peu de terre. L'analyse a démontré qu'il contenait 7, 5 pour cent d'étain.

» D'autres parures en bronze du même genre ont été trouvées dans les sépultures du même âge; la proportion d'étain variait de 5 à 15 pour cent. Il s'ensuit que dans la zone explorée par nous, le bronze à alliage normal est aussi ancien que le premier cuivre.

» Dans cette phase de la civilisation préhistorique du Sud-Est de l'Espagne, un grand pas a donc été fait : on connaît le bronze, les proportions convenables de l'alliage et l'art d'extraire le cuivre des minerais du pays. Mais à qui le doit-on? Evidemment a une influence étrangère. L'étain n'est pas connu dans cette région; la conclusion est donc inévitable : le bronze est importé. »

La date de la première exploitation des mines et de l'emploi du cuivre serait donc rapprochée de celle de l'importation du bronze sur la côte espagnole. Instruits par les importateurs étrangers, les fondeurs Ibériens imitent d'abord les objets en pierre que le cuivre doit remplacer.

L'exploitation des mines et la fabrication ont pour conséquence naturelle l'exportation. Ils n'exportent que du cuivre, des gisements d'étain ne se trouvant pas à leur portée pour le mélanger au cuivre.

Les objets en cuivre recueillis dans les Cévennes sous les dolmens ou dans les grottes avec l'outillage néolithique ont une grande ressemblance de forme avec ceux que MM. Siret ont recueillis en Espagne.

Mais la fréquente association de la pierre et du cuivre dans nos sépultures indique bien que ce métal reste un article d'exportation et non pas une application sur place de procédés métallurgiques enseignés par des immigrants. Bronze et cuivre pénétrent chez nous lentement, par des voies différentes, monopolisés en quelque sorte par des marchands jaloux de leur procédé.

Nous ne connaissons dans le Gard aucun indice d'une industrie métallurgique locale à ces époques et plus tardivement qu'en Espagne les habitants des Cévennes commencèrent à tirer parti des richesses minières du sol.

J'ai décrit dans un des *Bulletins* de la Société d'Étude des sciences naturelle, de Nimes, une sépulture de l'époque Cébennienne découverte à Laudun (Gard). Elle renfermait une pointe de lance ou de poignard, de forme très primitive, que je croyais être en bronze et qui s'est trouvée être en cuivre pur après l'analyse qu'à bien voulu exécuter notre collègue et ami M. Jules Gal. A côté de cette pointe il a été recueilli un objet en schiste poli, percé d'un trou à chaque bout et qui a la forme d'une pierre à aiguiser taillée en biseau à chaque extrémité.

Des types identiques ont été recueillis par MM. Siret, dans leurs fouilles en Espagne. Sans conclure prématurément à une telle origine pour les objets de Laudun, j'ai cru bon de noter la présence du cuivre a côté d'un objet identique à ceux que fabriquaient les Ibères, objet dont la destination nous échappe.

Les gisements où la présence du cuivre a été constatée avec des objets néolithiques seront d'ailleurs notés d'un signe particulier sur la Carte préhistorique du Gard que prépare la Société d'Étude des sciences naturelles avec l'aide de dévoués collaborateurs.

Nimes, imp. Roger et Laporte, ruelle des Stes Maries, 7 — 9-93

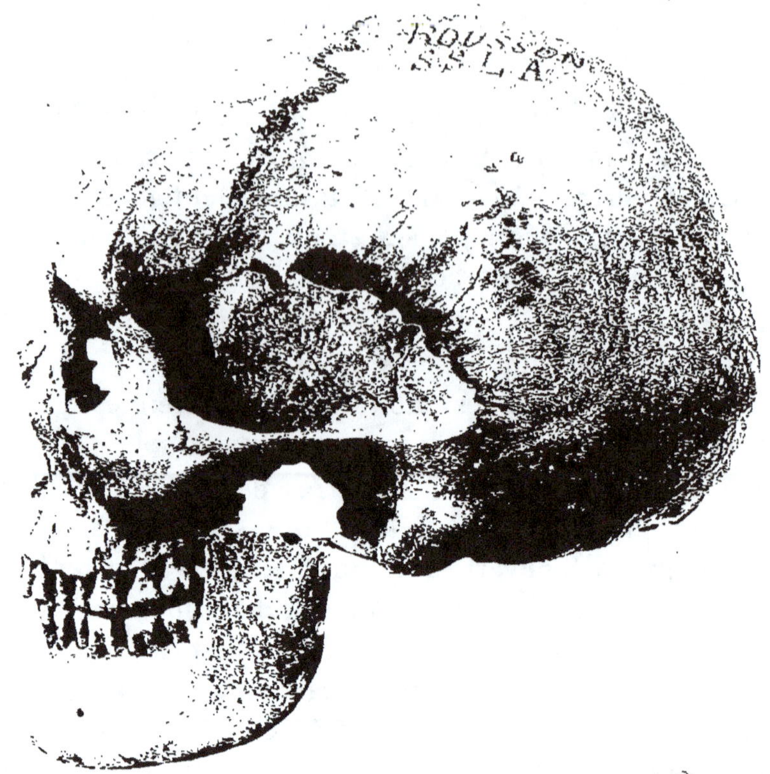

Fig. 1

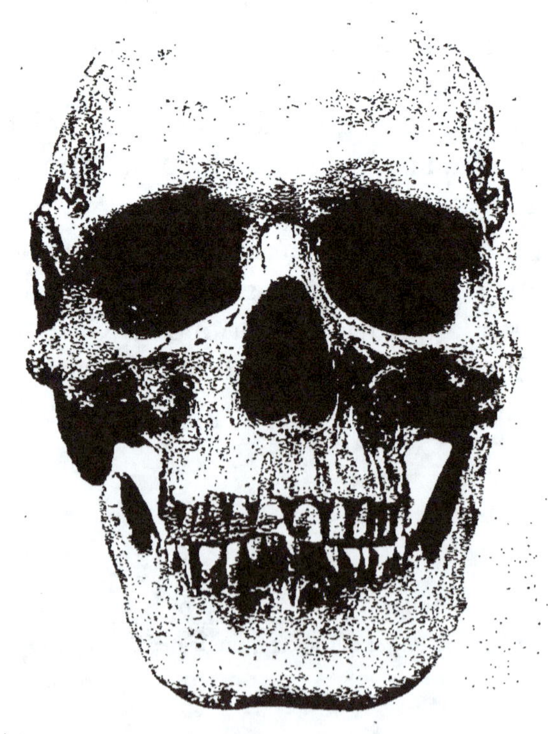

Fig. 2

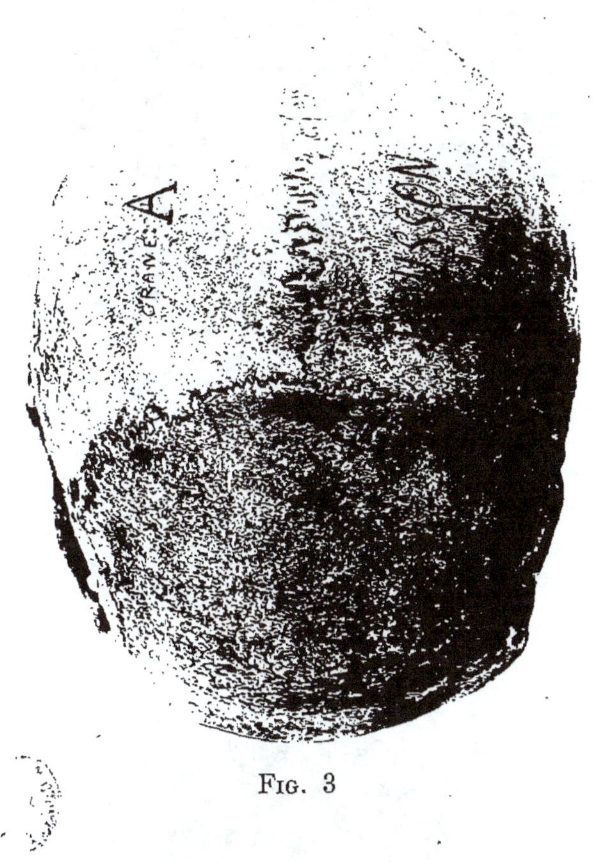

FIG. 3

CRANE MASCULIN A DE LA GROTTE SÉPULCRALE DE ROUSSON

PROFIL — FACE — NORMA-VERTICALIS

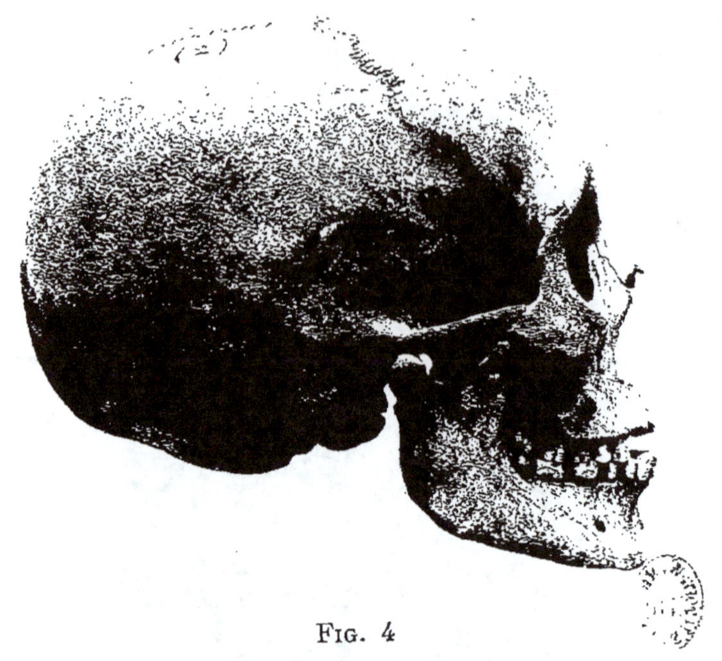

Fig. 4

Fig. 5

Fig. 6

CRANE MASCULIN 2 DE LA GROTTE DES MORTS, PRÈS DURFORT

PROFIL — FACE — NORMA-VERTICALIS

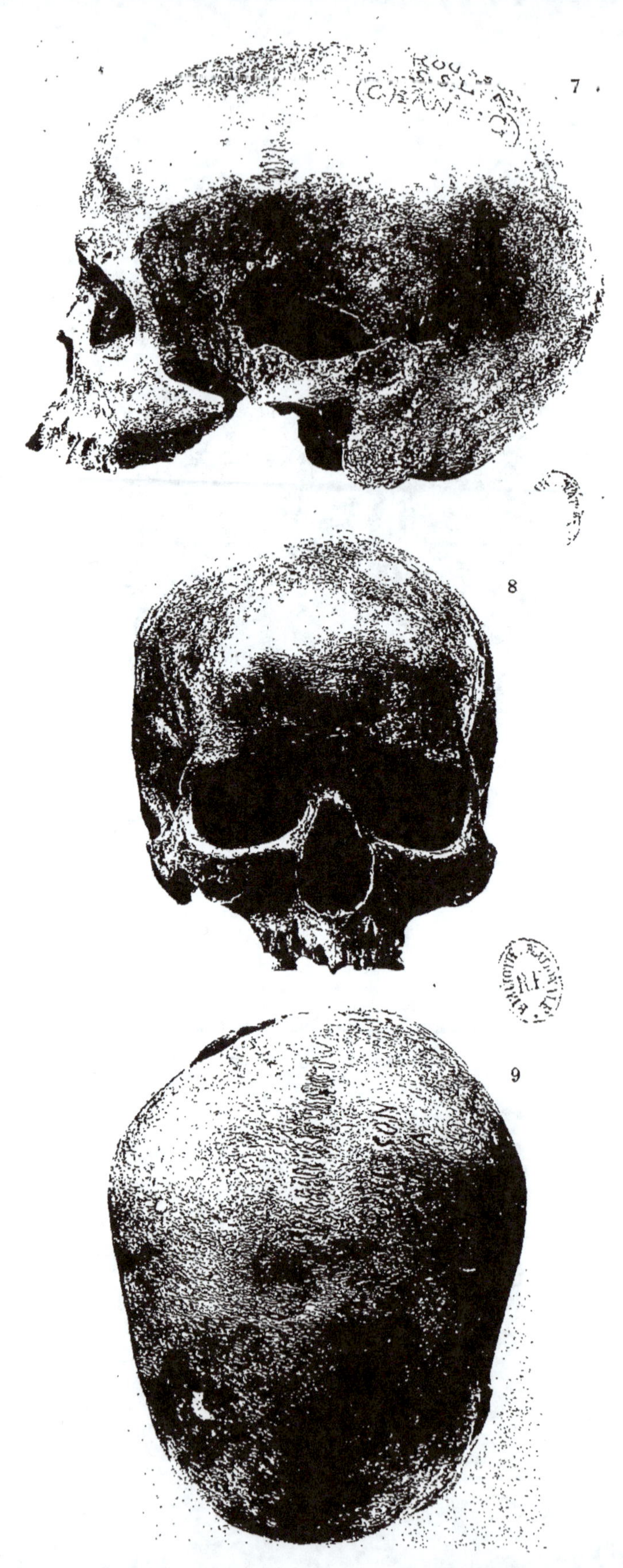

7

8

9

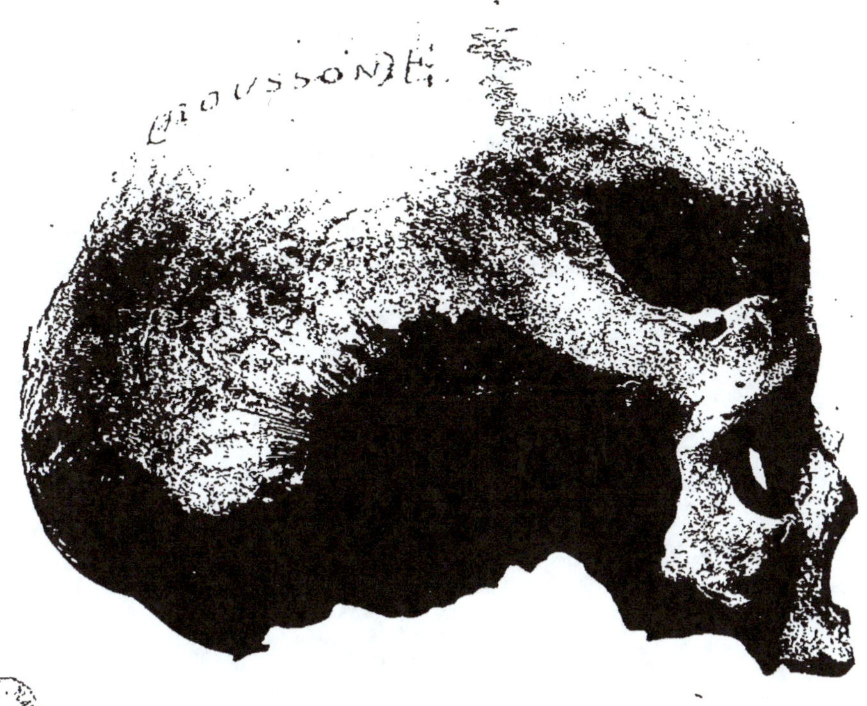

Fig. 10

Fig. 7, 8, 9. — **CRANE FÉMININ DE LA GROTTE SÉPULCRALE DE BRAMABIAU**

FACE — PROFIL — NORMA-VERTICALIS

Fig. 10. — **CRANE TRÉPANÉ E DE LA GROTTE SÉPULCRALE DE ROUSSON**